DB41

河　南　省　地　方　标　准

DB41/T 597—2009

PVC–U 管成井技术规范

Technical standard for PVC–U pipes well completion

2009–10–23 发布　　　　2009–11–23 实施

河南省质量技术监督局　发 布

图书在版编目(CIP)数据

PVC-U管成井技术规范/河南省国土资源厅编. —郑州：黄河水利出版社，2010.1
ISBN 978-7-80734-768-2

Ⅰ.①P… Ⅱ.①河… Ⅲ.①管井(水)-聚氯乙烯塑料-塑料管材-规范 Ⅳ.①TU532-65②TU991.12-65

中国版本图书馆CIP数据核字(2009)第231138号

组稿编辑：王路平 ☎0371-66022212 E-mail：hhslwlp@126.com

出 版 社：黄河水利出版社
地址：河南省郑州市顺河路黄委会综合楼14层 邮政编码：450003
发行单位：黄河水利出版社
发行部电话：0371-66026940、66020550、66028024、66022620(传真)
E-mail：hhslcbs@126.com
承印单位：黄河水利委员会印刷厂
开本：890 mm×1 240 mm 1/16
印张：1.5
字数：40千字 印数：1—1 000
版次：2010年1月第1版 印次：2010年1月第1次印刷

定价：20.00元

目　次

前　言

本标准的制定参考了 GB 50296—1999《供水管井技术规范》、SL 256—2000《机井技术规范》，并根据 PVC–U 供水管井的设计和施工进行了修改和补充。

本标准中的附录 A、附录 B、附录 C、附录 D 为资料性附录。

本标准由河南省地质矿产勘查开发局提出。

本标准由河南省国土资源厅归口。

本标准负责起草单位：河南省地质矿产勘查开发局第二水文地质工程地质队、河南省地质矿产勘查开发局第一地质勘查院。

本标准参加起草单位：河南省地质矿产勘查开发局、河南省地质工程公司、河南工程学院、江阴市星宇塑胶有限公司。

本标准主要起草人：卢予北、陈莹、张宗恒、吴烨、董富强、郭友琴、王建明、赵云章、朱卫民。

本标准参加起草人：李永安、吴青松、张秋冬、周运兴、柳硕林、张新春、王现国、于建新。

引　言

传统金属供水管井存在腐蚀结垢严重、维修频繁、使用寿命低、工人劳动强度大等问题，PVC–U管在国外供水管井中应用较为普遍。20 世纪 70 年代地质矿产部就出台相关规定推广应用 PVC–U管，由于当时人们的认识及技术问题，一直未取得进展。随着人们对 PVC–U 管的重新认识，特别是它作为一种新型成井管材，具有不腐蚀结垢、质量轻、对水质无污染、使用寿命长等特点，是目前技术经济条件下很好的金属井管替代产品。由于经济社会的快速发展，不同用途的供水管井建设逐渐增加，而 PVC–U 管成井技术在我国则刚刚起步，并且在施工中成功率较低，从而影响了这种新型成井管材的推广应用。

为了更好地响应我国节能减排、可持续发展的政策，指导 PVC–U 管成井技术的推广应用，保证 PVC–U 管在施工过程中的安全性和可靠性，达到“以塑代钢、节约资源、绿色环保”之目的，有必要制定本标准。

为此，河南省地质矿产勘查开发局提出、河南省质量技术监督局和河南省国土资源厅批准立项《PVC–U 管成井技术规范》地方标准的编制工作。

PVC–U 管成井技术规范

1 范围

本标准规定了 PVC–U 供水管井的设计及施工方法。

本标准适用于井深 600 m 以内、水温低于 50 ℃的水文水井、浅层地热能开发井(水源热泵系统)、地下水分层监测井工程的术语和定义，PVC–U 供水管井设计要求，PVC–U 供水管井施工要求、工程验收方法。其他用途 PVC–U 管井(如 600 m 以内的盐、碱开采井等)的设计和施工可参照使用。

2 规范性引用文件

下列文件中的条款通过本标准的引用而成为本标准的条款。凡是注日期的引用文件，其随后所有的修改单(不包括勘误的内容)或修订版均不适用于本标准，然而，鼓励根据本标准达成协议的各方研究是否可使用这些文件的最新版本。凡是不注日期的引用文件，其最新版本适用于本标准。

GB 9151 钻探工程名词术语

GB 50027—2001 供水水文地质勘察规范

GB 50296—1999 供水管井技术规范

CJ/T 308—2009 水井用硬聚氯乙烯(PVC–U)管材

DZ/T 0148—1994 水文地质钻探规程

SL 256—2000 机井技术规范

3 术语和定义

下列术语和定义适用于本标准。

3.1 PVC–U 供水管井 PVC–U pipes water-supply well

使用 PVC–U 井壁管和 PVC–U 过滤管作为成井管材的供水管井。

3.2 水文水井 hydrological water well

以勘察和开发地下水为目的，并在钻探过程中获取水文地质资料的井。

3.3 地下水分层监测井 multi-layer underground water monitor well

以监测地下水为目的，通过井壁和设置在井壁内的多套监测管，使井壁内具有交替设置的止水层和监测层，达到一井对多个目标含水层进行分层监测的监测井。

3.4 PVC–U 井壁管 PVC–U well casing

为保护非含水层井壁和隔离含有害物质的地下水而下入井中的 PVC–U 管材。

3.5 PVC–U 过滤管 PVC–U screen pipe

与 PVC–U 井壁管相连接，与含水层相对应，井壁含有缝(孔)隙的具有滤水挡砂作用的 PVC–U 管材，常见为圆孔式和条缝式。

3.6 PVC–U 沉淀管 PVC–U sediment pipe

连接在井管最下端，用以沉积管井内砂粒和沉淀物的无孔 PVC–U 管。

3.7 井身结构 well structure

井径、井段和井深的总称。

3.8 扶正器 centralizer

在成井过程中，为保证井管与井壁同心的辅助工具，PVC–U 供水管井中宜采用木制扶正器。

3.9 成井工艺 well completion technology

钻进结束后，安装井内装置的施工工艺。包括冲孔、换浆、探井、下管、填砾、止水、固井、封闭以及洗井、抽水试验、采集水样等工序。

4 PVC–U 供水管井设计要求

4.1 一般规定

4.1.1 设计 PVC–U 供水管井时，应明确以下主要内容：

——管井的用途；

——单井出水量、井数、水质要求等；

——拟建井区的范围；

——给水设计意图和建设进度；

——用户的其他要求等。

4.1.2 PVC–U 供水管井设计前，应搜集建井地区的地层、场地、水文地质条件、地下水动态特征等有关资料，并进行现场踏勘，注意静水位和动水位情况。

4.1.3 PVC–U 供水管井设计应根据单井出水量、水质要求和建井地区的地质及水文地质条件进行，并应符合下列要求：

——靠近主要用水地区；

——井群布置合理，将井间干扰降至最低；

——井位与建(构)筑物应保持足够的安全距离；

——宜优先开采浅层地下水。

4.2 井身结构设计

4.2.1 管井结构包括井口、PVC–U 井壁管、PVC–U 过滤器和 PVC–U 沉淀管。

4.2.2 井孔必须保证井管的安装和抽水设备的正常工作。

4.2.3 管井轴线垂直度，即井孔倾斜度的要求如下：

——泵段以上顶角倾斜度，安装长轴深井泵时不得超过 1°，安装潜水电泵时不得超过 2°；

——泵段以下每百米顶角倾斜不得超过 2°，方位角不能突变。

4.2.4 管井深度设计，应根据需水量和拟开采含水层(组、段)的埋深、厚度、水质、富水性及其出水能力等因素综合确定。

4.2.5 PVC–U 供水管井结构设计，应包括下列内容：

——井身结构；

——井孔与井壁管的最小环状间隙应不小于 80 mm；

——井管配置及 PVC–U 管规格的选用；

——填砾位置及滤料规格，滤料宜采用合适级配的天然石英砂；

——封闭位置及材料；

——井的附属设施。

4.2.6 PVC–U 供水管井井径设计，应包括下列内容：

——开口井径；

——井段数量及变径；

——安泵段井径；

——开采段井径；

——终止井径。

4.2.7 开采段井径，应根据管井设计出水量、允许井壁进水流速、含水层埋深、开采段长度、过滤器类型及钻进工艺等因素综合确定。

4.2.8 安泵段井管内径，应根据设计出水量及测量动水位仪器的需要设计，并宜比选用的抽水设备标定的最小井管内径大 50 mm。

4.2.9 沉淀管长度，应根据含水层岩性和井深确定，宜为 5 m ~ 20 m。

4.2.10 井管外部封闭设计应符合下列规定：

——井管外围封闭不应使用快干水泥；

——滤料顶部至井口段，采用黏土球或黏土块封闭 3 m ~ 5 m，剩余部分可用黏土填实；

——井口周围，浅井可用一般黏土夯实，厚度不小于 200 mm，中、深井可用黏土球或水泥浆封闭，厚度一般不小于 300 mm；

——对不良含水层或非计划开采段，宜采用黏土球封闭，如水压较大或对水质要求较高时，可用水泥浆或水泥砂浆封闭；

——松散层和基岩地区的管井封闭位置设计应按 GB 50296—1999 供水管井技术规范中 3.3.9 条和 3.3.10 条的规定执行。

4.2.11 PVC–U 供水管井的设计，应留有测量水位的孔眼，防止杂物进入。

4.3 过滤器设计

4.3.1 PVC–U 过滤管包网处理。

下管前，视含水层颗粒粗细，需在 PVC–U 过滤管上包 2 层 ~ 3 层 80 目或 100 目的尼龙网，并用胶和细铁丝固定好。

4.3.2 常用 PVC–U 过滤管规格及推荐安全成井深度见表 1。

表 1 常用 PVC–U 过滤管规格及安全成井深度

外径 mm	壁厚 mm	定尺长度 m	过滤管型式	孔隙率 %	连接方式	安全成井深度 m
110	5.3	3 ~ 6	圆孔、条缝式	10.0 ~ 12.5	特定螺纹	600
160	8.5	3 ~ 6	圆孔、条缝式	10.0 ~ 12.5	特定螺纹	550
200	9.6	3 ~ 6	圆孔、条缝式	10.0 ~ 12.5	特定螺纹	400
250	11.9	3 ~ 6	圆孔、条缝式	10.0 ~ 12.5	特定螺纹	350
315	15.0	3 ~ 6	圆孔、条缝式	10.0 ~ 12.5	特定螺纹	300

4.3.3 过滤器类型宜按下列要求进行选择：

——基岩岩层稳定地区，可不安装过滤器；

——基岩岩层不稳定、裂隙溶洞无填充地区，宜选择 PVC–U 圆孔式过滤器；

——其他地层宜选择 PVC–U 缝隙式过滤器。

4.3.4 均质含水层中过滤器长度宜按下列要求进行设计：

——含水层厚度小于 30 m 时，宜取含水层厚度或设计动水位以下的含水层厚度；

——含水层厚度大于 30 m 时，宜根据含水层的富水性和设计出水量确定。

4.3.5 非均质含水层中的过滤器，应安置在主要含水层部位。

4.3.6 设计过滤器直径时，应根据设计出水量、过滤管长度、过滤管面层孔隙率和允许过滤水管进水流速确定。

4.3.7 非均质含水层或多层含水层中滤料规格宜按下列要求进行设计：

——分层填砾时，应分层设计 PVC–U 过滤器的包网处理和滤料规格，滤料的填充高度应超过细颗粒含水层的顶板和底板；

——无需分层填砾时，应全部按细颗粒含水层要求进行，填砾高度应超过含水层顶板 10 m ~ 20 m。

4.4 出水量设计

4.4.1 PVC–U 供水管井(井群)的设计总出水量，应小于开采地区地下水允许开采量。

4.4.2 PVC–U 供水管井设计出水量，应小于过滤器的进水能力。过滤器的进水能力，应按公式(1)计算确定：

$$Q_g = \pi \times n \times v_g \times D_g \times L \quad \cdots\cdots(1)$$

式中：

Q_g——过滤管的进水能力(m^3/s)；

n——过滤管进水面层有效孔隙率；

v_g——允许过滤管进水流速(m/s)，不得大于 0.03 m/s；

D_g——PVC–U 供水管井过滤器外径(m)；

L——PVC–U 供水管井过滤器有效进水长度(m)，宜按过滤器长度的 85%计算。

4.4.3 松散层 PVC–U 供水管井的设计出水量，除应符合本规范第 4.4.2 条的规定外，还应按公式(2)进行允许井壁进水流速复核：

$$\frac{Q}{\pi \times D_k \times L} \leqslant v_j \quad \cdots\cdots(2)$$

式中：

Q——设计出水量(m^3/s)；

D_k——开采段井径(m)；

L——过滤器长度(m)；

v_j——允许井壁进水流速(m/s)。

4.4.4 PVC–U 供水管井允许井壁进水流速宜按公式(3)计算：

$$v_j = \sqrt{K}/15 \quad \cdots\cdots(3)$$

式中：

K——含水层的渗透系数(m/s)。

5 PVC–U 供水管井施工要求

5.1 一般规定

5.1.1 新建 PVC–U 供水管井，应满足规划、设计要求，应由具备相应技术资质等级的钻井队施工，并宜在有 PVC–U 供水管井施工经验技术人员的指导下完成。

5.1.2 施工队应确保安全与成井质量，严格执行技术操作规程，预防事故发生。

5.1.3 施工前，应进行现场踏勘，了解施工条件、地下水开采情况和 PVC–U 管特性及主要力学性能指标等。

5.1.4 现场踏勘后，应编制 PVC–U 供水管井施工组织设计书，施工组织设计宜包括下列内容：

——工程任务；

——工程要求；

——工程中所使用到的 PVC–U 管应满足 CJ/T 308—2009 水井用硬聚氯乙烯(PVC–U)管材的要求，并给出由厂家提供的相关管材的物理力学性能指标及卫生安全指标检测结果；

——钻井技术措施，重点内容宜为 PVC–U 供水管井成井工艺及事故预防措施；

——主要设备、人员及其分工、材料、费用和施工进度。

5.1.5 PVC–U 管运输过程中，不应与其他坚硬货物混装，避免管材局部与车厢凸出部位长期接触、挤压、冲击，在搬运过程中应缓慢、平放。

5.2 施工条件

5.2.1 钻机选型。

钻机应根据 PVC–U 供水管井设计的井深、井径、地质及水文地质条件，并考虑钻机运输、施工、水电供应条件等因素选择。钻机选择可参考表 2。

表 2 常用钻机主要性能表

钻机类型	开孔直径 mm	钻孔深度 m	适应地层
回转式 正循环	500 ~ 650	300 ~ 600	松散层和基岩层
	650 ~ 800	150	黏性土和砂类土
回转式	400 ~ 1 500	200	黏土、砂、卵砾石层
冲击式	750 ~ 1 000	200 ~ 250	松散层
	300 ~ 800	250	黏土、砂、卵砾石层
冲抓式	600 ~ 1 500	50	黏土、砂、卵砾石层、大漂砾层

5.2.2 钻机、钻塔等设备的安装和拆卸应遵照 DZ/T 0148—1994 水文地质钻探规程有关规定执行。

5.2.3 施工场地应做到“三通一平”，即：路通、水通、电通(或备好机械动力设备)、场地平整。

5.2.4 试钻前应按质量要求，检查钻井设备各零部件，不合格的不得使用。

5.2.5 泥浆循环系统的泥浆池和沉砂池的容积，应满足施工储浆和沉砂要求，泥浆槽的长度一般应在 15 m 以上，为了更好地净化泥浆宜采用“Z”型泥浆循环槽和泥浆净化设备。

5.2.6 管井施工所需管材、滤料、黏土球及其他物料，应按设计要求在开钻前准备好，并及时运到施工现场，并摆放合理。

5.2.7 对于首次使用的 PVC–U 管产品，应检测其力学和卫生安全性能指标。

5.3 钻进、护壁与冲洗介质

5.3.1 PVC–U 供水管井施工采用的钻进设备和工艺，应根据地层岩性、水文地质条件和井身结构等因素选择。

5.3.2 松散层钻进过程中，当遇漂砾、块石等钻进困难地层时，可进行井内爆破，爆破前应进行爆破设计，并应保证地面建筑物安全；当遇较大卵石地层时可采用冲击或冲抓方式，然后再采取回转钻进方法；在复杂地层钻进时宜考虑联合钻进方法。

5.3.3 井身应圆正、垂直，并应符合下列规定：

——井身直径不得小于设计井径；

——井身顶角的偏斜应符合本规范第 4.2.3 条的规定。

5.3.4 地层松散不稳定时，应设置井口保护管(技术套管)，并保证在管井施工过程中不松动，井口不得坍塌，井口保护管(技术套管)管长宜为 6 m ~ 20 m。

5.3.5 钻进的护壁方法应根据地层岩性、钻进方法及施工用水情况确定。

5.3.6 冲洗介质应根据地层岩性、钻进方法和施工条件选用泥浆，并应符合下列要求：

——保证井壁的稳定；

——减少对含水层的堵塞和对地层的污染；

——提高钻进效率等。

5.3.7 冲洗介质应根据水文地质条件和施工情况等因素选用。一般在黏土或稳定地层，采用普通泥浆；在松散、破碎地层，宜针对地层特性选用特殊泥浆。

5.3.8 冲洗介质的各项性能指标，应符合有关规定的要求。钻进过程中，应定时测量各项性能指标。

5.4 成井工艺

5.4.1 PVC–U 供水管井成井工艺包括以下流程：成井管材检查、置换井内泥浆、探井、下管、一次冲孔换浆(环状间隙循环)、动态投砾(投砾时泥浆循环)、止水、二次冲孔换浆(井管内循环)、洗井、固井、抽水试验。

5.4.2 成井下管前，应完成以下工作：

——确定劳动组织人员分工；

——根据测井资料和钻井记录情况，确定开采井段、止水位置、变径位置、过滤管形式及规格等；

——下管时应逐一检查 PVC–U 井壁管和 PVC–U 过滤管，宜用小锤轻轻敲打，通过敲打声音来判断 PVC–U 管是否有内伤，有问题者严禁使用；

——检查设备仪表专用工具；

——清理场地；

——根据井管结构设计，进行排管；

——下管前，应进行探井；

——在成井前必须严格按照设计要求做好冲孔换浆工作，在安全情况下尽可能降低井内的泥浆密度，地层稳定情况下井内泥浆密度不得超过 1 100 kg/m^3，地层稳定较差情况下井内泥浆密度不得超过 1 200 kg/m^3；

——准备木制扶正器，每组扶正器数量宜为 3 个，根据井深，扶正器的组数宜为每百米两组至三组；

——应在安装于底部的井管钻数个 Φ20 mm ~ 30 mm 的进浆孔，以保证下管过程中井管内外压力平衡，其管柱结构设计示意简图见图 1。

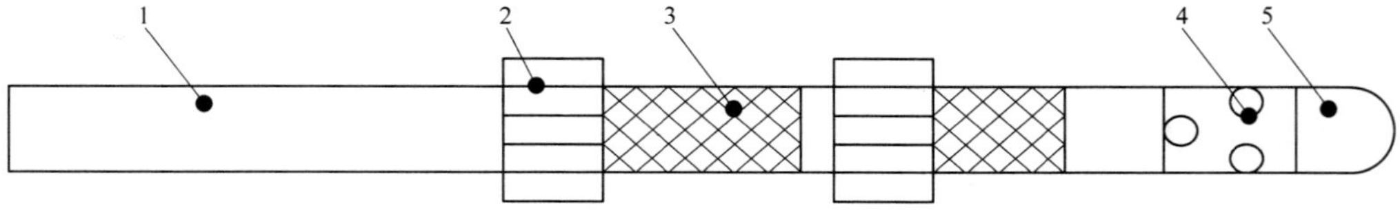

1—PVC–U 井壁管；

2—扶正器；

3—PVC–U 过滤器；

4—进浆孔；

5—导向。

图 1 PVC–U 成井管柱结构设计示意简图

5.4.3 下管方法。

5.4.3.1 下管时应根据 PVC–U 管管材强度、下置深度和起重设备能力等因素选定适宜方法，并宜符合下列要求：

——下管可利用钻机卷扬机，采用提吊法进行；

——下管过程中，下管速度应缓慢，井内泥浆宜控制在密度 1 050 kg/m^3 ~ 1 100 kg/m^3，漏斗黏度 18 s ~ 22 s；

——下管过程中，应派专人观察 PVC–U 管内外液柱差，液柱差不得超过 10 m；

——在下管时应备好泵和回灌管线，当 PVC–U 管下入困难或井管内外出现压力差时，应立即回灌泥浆或清水，保持井管内外液柱高度一致。

5.4.3.2 下置井管时，井管应直立于井口中心，上端口应保持水平。井管的偏斜度，应符合本规范第 4.2.3 条的要求。过滤管安装深度的允许偏差宜为 ± 300 mm。

5.4.3.3 井管连接时，宜在螺纹部位涂肥皂水或洗衣粉水，以便润滑。

5.4.3.4 下管时，应采用麻绳(三角带)和木棍加力拧卸井管。不得采用链钳、管钳、自由钳等钢制工具拧卸井管。

5.4.3.5 沉淀管应封底。应在沉淀管下加装木制导向。当松散层下部已钻进而不使用时，应下部回填夯实，保证井管坐落牢固，防止下沉。基岩地层供水管井的井管应坐落在稳定岩层的变径台阶上。

5.4.4 填砾。

5.4.4.1 下置填砾过滤器的管井，井管安装后，应及时进行填砾。填砾前，施工现场应满足以下条件：

——井管全部下入钻孔后，应立即下入小直径钻杆至井底并密封井口进行冲孔换浆，使循环介质从井管和井壁之间的环状间隙返出。

——当井内泥浆密度在 1 050 kg/m^3 ~ 1 100 kg/m^3、漏斗黏度为 18 s ~ 20 s 时可实施动态投砾，对于 PVC–U 管成井不应使用静态投砾方法。

——按设计要求准备滤料，其数量宜按公式(4)计算确定：

$$V = 0.785 \times (D_k^2 - D_g^2) \times L \times \alpha \qquad (4)$$

式中：

V—— 滤料数量(m^3)；

D_k—— 填砾段井径(m)；

D_g—— 过滤器外径(m)；

L—— 填砾高度(m)；

α—— 超径系数，一般为 1.2 ~ 1.5。

5.4.4.2 滤料的质量宜符合下列要求：

—— 颗粒的磨圆度较好，严禁采用棱角碎石；

—— 不含土和杂物；

—— 滤料宜选择天然石英砂。

5.4.4.3 填砾方法宜符合以下要求：

—— 在投砾时速度一定要缓慢，应采用动水投砾，一般一个人用铁锨投放即可；

—— 投砾时要注意泥浆密度、泵压、泵量变化以及井口滤料下沉情况；

—— 投砾过程中，滤料应沿井管四周均匀连续填入，随填随测，准确记录填入滤料的数量，实际填砾高度和数量应与理论计算相一致；

—— 当出现滤料“架桥”时，严禁继续投放滤料，并及时采取措施消除“架桥”现象。

5.4.4.4 考虑到洗井或抽水时滤料的下沉或密实过程，滤料投放位置应高出理论位置 10 m ~ 20 m。

5.4.5 止水。

5.4.5.1 止水材料应选用优质黏土做成球(柱)状，大小宜为 20 mm ~ 30 mm，并应在半干(硬塑或可塑)状态下缓慢填入。

5.4.5.2 投放黏土球进行止水时，应围绕井管四周连续、均匀、缓慢填入。

5.4.5.3 黏土球止水后，若采用水泵抽水法洗井，必须进行二次冲孔换浆以清除管内固相，冲洗液以清水为主，井内固相含量降至最低时，视为二次冲孔换浆结束。采用空压机洗井方法时，可不进行二次冲孔换浆。

5.4.6 固井。

5.4.6.1 井管外围可采用水泥、黏土或粒径为 5 mm ~ 10 mm 的天然河砂进行固井，固井材料的性能指标及固井方法，应根据地层岩性、地下水水质、管井结构和钻进方法等因素确定。在使用水泥固井时，严禁使用快干水泥。

5.4.6.2 天然河砂固井时，要控制投放速度，防止“架桥”现象，用量应与理论计算量相一致。

5.4.7 封闭。

5.4.7.1 井口管外围应封闭。

5.4.7.2 井管封闭后，应检查效果，当未达到设计要求时，应重新进行封闭。

5.4.8 洗井。

5.4.8.1 PVC–U 供水管井洗井必须及时进行。

5.4.8.2 采用潜水泵洗井或抽水时，应观察井内水位，当出现水位降深时，应及时在井口向井内回灌清水，保证井内降深不超过 70 m。

5.4.8.3 宜采用“吊泵”的技术方法来控制水位降深。

5.4.8.4 在洗井方式上优先采用空气压缩机洗井或水泵抽水洗井，严禁采用二氧化碳大降深洗井。

5.4.8.5 洗井效果的检查，宜符合下列规定：

—— 出水量应接近设计要求或连续两次单位出水量之差小于 10%；

—— 水的含砂量应符合设计要求。

5.4.8.6 洗井结束后，应捞取井内沉淀物并进行抽水试验。

5.4.9 单井抽水试验。

5.4.9.1 PVC–U 供水管井的抽水试验可采用非稳定流抽水试验方法。

5.4.9.2 在正式抽水前应进行试抽，以检验抽水系统的运转情况。

5.4.9.3 抽水试验的下降次数宜为一次，出水量不宜小于管井的设计出水量。

5.4.9.4 抽水试验的水位和出水量应连续进行观测，同时进行水量、水温、气温的同步观测。视含水层岩性决定稳定延续时间。管井出水量和动水位应按稳定值确定。

5.4.9.5 依据观测资料现场绘制 s–lg$t$(降深–时间对数)等动态曲线，并根据曲线变化来确定是否满足抽水试验要求。

5.4.9.6 抽水结束后，进行水位恢复，观测频率按非稳定流抽水试验方法进行。

5.4.9.7 抽水试验结束前，应测定抽出水的含砂量。

5.4.9.8 抽水试验结束前，应根据水的用途或设计要求采集水样进行检验。

6 工程验收方法

6.1 PVC–U 管成井工程的验收应在现场进行，并应符合下列质量标准：

—— 出水量应符合设计出水量；

—— 井水的含砂量，应符合设计或合同要求；

—— 井斜应符合本规范第 4.2.3 条的规定；

—— 井内沉淀物的高度，应小于井深的 5‰。

6.2 PVC–U 管成井工程验收结束后，应填写管井验收单，施工与使用双方签字。

6.3 供水管井工程报告，应包括下列内容：

—— 文字说明(主要包括工程概况、施工技术措施、工期、PVC–U 供水管井使用注意事项及建议、需要附加的说明等)；

—— 图件和资料(包括管井综合柱状图、物探测井资料、抽水试验资料和水质化验单等)；

—— 附录(包括管井验收单、工程结算单、工程设计更改等)。

附录 A
(资料性附录)
常用 PVC–U 管公称压力和规格尺寸

公称外径 d_e mm	壁厚 e mm						
	公称压力 P_N						
	0.6 MPa	0.8 MPa	1.0 MPa	1.25 MPa	1.6 MPa	2.0 MPa	2.5 MPa
110	2.7	3.4	4.2	5.3	6.6	8.1	10.0
125	3.1	3.9	4.8	6.0	7.4	9.2	11.4
140	3.5	4.3	5.4	6.7	8.3	10.3	12.7
160	4.0	4.9	6.2	7.7	9.5	11.8	14.6
180	4.4	5.5	6.9	8.6	10.7	13.3	16.4
200	4.9	6.2	7.7	9.6	11.9	14.7	18.2
225	5.5	6.9	8.6	10.8	13.4	16.6	—
250	6.2	7.7	9.6	11.9	14.8	18.4	—
280	6.9	8.6	10.7	13.4	16.6	20.6	—
315	7.7	9.7	12.1	15.0	18.7	23.2	—
355	8.7	10.9	13.6	16.9	21.1	26.1	—
400	9.8	12.3	15.3	19.1	23.7	29.4	—
450	11.0	13.8	17.2	21.5	26.7	33.1	—
500	12.3	15.3	19.1	23.9	29.7	36.8	—
560	13.7	17.2	21.4	26.7	—	—	—
630	15.4	19.3	24.1	30.0	—	—	—

附录 B
(资料性附录)
常用 PVC-U 管物理力学性能指标

公称外径×壁厚 mm×mm	项目	指标	检测方法
160×9.5	密度(kg/m^3)	1 405	GB/T 1033—1986
	纵向回缩率(%)	4.6	GB/T 6671
	环刚度(kN/m^2)	SN≥12.5	GB/T 9647
	拉伸屈服应力(MPa)	≥43	GB/T 8804.2
	落锤冲击强度(0 ℃) TIR(%)	4	GB/T 14152
200×9.6	密度(kg/m^3)	1 350～1 460	GB/T 1033—1986
	纵向回缩率(%)	≤5	GB/T 6671
	环刚度(kN/m^2)	SN≥12.5	GB/T 9647
	拉伸屈服应力(MPa)	≥43	GB/T 8804.2
	落锤冲击强度(0 ℃) TIR(%)	≤5	GB/T 14152
250×11.9	密度(kg/m^3)	1 350～1 460	GB/T 1033—1986
	纵向回缩率(%)	≤5	GB/T 6671
	环刚度(kN/m^2)	SN≥12.5	GB/T 9647
	拉伸屈服应力(MPa)	≥43	GB/T 8804.2
	落锤冲击强度(0 ℃) TIR(%)	≤5	GB/T 14152
315×15	密度(kg/m^3)	1 402	GB/T 1033—1986
	纵向回缩率(%)	4.5	GB/T 6671
	环刚度(kN/m^2)	SN≥12.5	GB/T 9647
	拉伸屈服应力(MPa)	≥43	GB/T 8804.2
	落锤冲击强度(0 ℃) TIR(%)	4	GB/T 14152

附录 C
(资料性附录)
PVC–U 管卫生安全性检验

测定项目	单位	样品测定结果	样品 1 测定结果	样品 2 测定结果	卫生规范要求	判定
色	度	<1	<1	<1	增加量≤5	合格
浑浊度	度(NTU)	0.08	0.12	0.11	增加量≤0.2	合格
臭和味		无	无	无	浸泡后水无异臭、异味	合格
肉眼可见物		无	无	无	浸泡后水不产生任何肉眼可见碎片杂物等	合格
pH 值		8.01	8.06	8.06	改变量≤0.5	合格
溶解性总固体	mg/L	202	204	204	增加量≤10	合格
耗氧量	mg/L	0.19	0.52	0.52	增加量≤1	合格
砷	mg/L	<0.001	<0.001	<0.001	增加量≤0.001	合格
镉	mg/L	<0.000 1	<0.000 1	<0.000 1	增加量≤0.000 5	合格
铬(六价)	mg/L	<0.004	<0.004	<0.004	增加量≤0.005	合格
铝	mg/L	<0.01	<0.01	<0.01	增加量≤0.02	合格
铅	mg/L	<0.001	<0.001	<0.001	增加量≤0.001	合格
汞	mg/L	<0.000 2	<0.000 2	<0.000 2	增加量≤0.000 2	合格
三氯甲烷	mg/L	0.009 8	0.006 7	0.008 2	增加量≤0.006	合格
挥发酚类	mg/L	<0.002	<0.002	<0.002	增加量≤0.002	合格
钡	mg/L	<0.005	<0.005	<0.005	增加量≤0.05	合格
锑	mg/L	<0.000 1	<0.000 1	<0.000 1	增加量≤0.000 5	合格
锡	mg/L	<0.001	<0.001	<0.001	增加量≤0.002	合格
四氯化碳	mg/L	<0.000 1	<0.000 1	<0.000 1	增加量≤0.000 2	合格
氯乙烯	mg/kg		<0.05		材料中含量≤1.0	合格
总有机碳	mg/L	0.22	0.61	0.62	增加量≤1	合格

附录 D
(资料性附录)
PVC–U 管成井事故预防及处理

D.1　PVC–U 供水管井施工过程中井塌事故预防及处理措施包括：

——坚持做好起钻灌浆工作，钻具起完井筒内必须灌满泥浆。

——控制泥浆密度及其性能的变化幅度，控制好失水量，仔细观察岩屑返出情况。

——进入易垮塌井段，要注意观察井下情况，加强钻井液体系维护，保持钻井液性能的相对稳定，短期内钻井液密度变化量不应超过 20 kg/m^3。提高钻井液的抑制性与护壁减阻性，避免井眼出现掉块。

——大排量循环时，及时将掉块带出地面。

——禁止在易塌井段高速起下钻，以免抽吸压力过大而导致井塌。

——停钻时不能在同一井深段长时间大排量循环泥浆，以防冲垮井壁。

——防止泥浆加重过猛压漏地层，导致井下压力失去平衡而造成更严重的井塌。

——若井塌卡钻，能开泵则小排量开泵，然后缓慢增大排量，直至恢复正常循环，上下活动钻具解卡；井塌严重不能开泵循环时，可采用爆炸松扣、反丝钻杆等先把埋钻事故点以上钻具处理上来，然后再用套铣方法处理埋钻事故钻具。

D.2　PVC–U 供水管井施工过程中吸附卡钻事故预防及处理措施包括：

——注意施工过程中泥浆性能的调整。

——停电或钻井设备事故等，及时提钻。

——井内机具设计合理，避免机具与钻井口径匹配不合理。

——出现吸附卡钻事故时，若泥浆循环正常，首先计算卡点，然后可选择一定量的解卡剂(加原油或柴油)、清水、低密度泥浆、盐酸或盐水泥浆注入卡钻井段，静止 0.5 h ~ 48 h，并间断活动钻具解卡；若泥浆不能正常循环，则采用爆炸松扣或反丝钻杆把卡点以上钻具起出，然后选择套铣方法把下部钻具处理上来。

D.3　PVC–U 供水管井施工过程中缩径和起下钻遇阻预防措施包括：

——排量要大，冲蚀掉疏松的假泥饼。

——按要求搞好短程起下钻，及时了解掌握井壁稳定情况。

——遇阻井段划眼要仔细，修整好井壁。

——起钻前要充分循环泥浆，起下钻遇阻应上提下放活动钻具，必要时采取接方钻杆循环或倒划眼等有效措施。

D.4　PVC–U 供水管井施工过程中降低摩阻扭矩措施包括：

——钻进时增加泥浆的润滑性，减小钻柱刚度，简化钻具组合。

——井眼曲率应平滑过渡，避免出现井眼曲率的突变。

D.5　PVC–U 供水管井施工过程中防键槽卡钻措施包括：

——尽量减少起下钻次数，以降低钻柱拉磨井壁的程度。

——避免井眼曲率变化过大。

——认真记录每次起下钻阻卡位置，结合测斜资料综合分析形成键槽的可能性，及时制定出针对性措施，提前处理。

——尽量减少钻具组合的变换次数，保证钻柱的刚性。

——若发生键槽卡钻，则应向下活动钻具，使用随钻震击器向下震击，以震击解卡。

——倒划眼上提钻具解卡。

D.6 PVC–U 供水管井施工过程中钻具事故预防措施包括：

——定期进行钻具探伤，防止有伤钻具入井。

——做好钻柱的摩阻、扭矩计算及强度校核。

——定期倒换钻具位置(改变钻具的受力)。

——严格遵守操作规程，不溜钻、不顿钻。

——钻进中注意泵压变化，发现泵压下降，立即停钻检查，若地面查不出原因，应立即提钻检查钻具。

——若发生钻具事故，应根据“落鱼”的情况，下入合适的打捞工具。对于“鱼头”规则、管壁较厚的可采用公锥或母锥打捞，“鱼头”不规则的，可采用专用打捞筒打捞。

D.7 当出现 PVC–U 管破碎爆裂后，可参考以下步骤进行处理：

——首先进行探井，确定破碎爆裂具体位置和长度。然后针对地层特性，及时调整井内泥浆性能，防止井管破碎爆裂后造成井壁大面积坍塌。

——加工 2 m 左右适宜规格的打捞筒(底部镶焊硬质合金并留水口)，下入井内后开泵，一方面冲洗井内坍塌的泥沙，另一方面打捞或破碎井内的塑料碎片。

——井内塑料碎片和泥沙(岩块)打捞彻底后，再用拟补管规格的管材 2 m ~ 5 m 进行探井并修复井壁。其目的是为下一步修补问题井段做好准备工作，修补破裂位置可用小一级 PVC–U 管或钢管，密封采用普通和膨胀橡胶即可。

——PVC–U 管破碎或爆裂后比普通钢管挤毁事故容易处理。PVC–U 管只是局部破碎或爆裂，一般呈片状落入井内，其他部位不变形。所以，用一般打捞筒即可处理，当碎片多时可在打捞筒底部镶焊硬质合金，一方面破碎研磨塑料碎片随泥浆带出地面，另一方面大块碎片进入打捞筒内。

——处理井内 PVC–U 碎片或其他物件时，尽可能通过钻具压力或冲洗液动力进行打捞或返出；若上述措施处理无效，可采用最低转速间断性回转钻具，严禁长时间连续回转钻具，避免对塑料井管的磨损或损伤。